Kontinentalpolitik

Ein Zukunftsbild

Von

einem rheinischen
Großindustriellen

A. Marcus & E. Webers Verlag (Dr. jur. Albert Ahn) in Bonn

Inhalt:

1. Die Notwendigkeit eines Kontinentalbundes.

Land- und Seemächte haben sich zum Vernichtungskriege gegen Deutschland und seine Bundesgenossen zusammengetan, unter Führung der Seemacht England, die in langjähriger diplomatischer und Verhetzungsarbeit den Boden bereitete, um uns in einer zielbewußten Bündnispolitik einzukreisen. England hat, wie so oft in den letzten Jahrhunderten seiner Geschichte, die europäischen Kontinentalmächte vor seinen Wagen gespannt, um mit ihren Machtmitteln ihm unbequeme Widersacher und Wettbewerber zu vernichten, deren es allein und im ehrlichen Kampfe nicht Herr werden konnte. Vorgeblich als Beschützer und Verteidiger bedrohter Rechte Schwächerer — tatsächlich in krassester Selbstsucht für seine eigenen Krämerinteressen. Und weder Frankreich noch Rußland, seine mächtigsten Verbündeten, haben rechtzeitig erkannt, daß das Bündnis mit England ein unnatürliches ist, daß dieses Inselvolk der Feind aller Kontinentalvölker ist, daß es nur Handlangerdienste von ihnen verlangt. Wir können uns nach den bisherigen Erfahrungen damit trösten, daß Englands Feindschaft zu ertragen ist; unsere jetzigen Feinde aber werden zur Erkenntnis kommen müssen, daß Englands Freundschaft nie ertragen werden kann.

England hat es für nötig gehalten, durch das Londoner Protokoll vom September 1914 seine Verbündeten nochmals besonders an sich zu schmieden. Sie sollen keinen Frieden einzeln schließen dürfen, sie sollen bis zum Schlusse auf Gedeih oder Verderb mit ihrem Verführer zusammenhalten. Deutschland und seine Bundesgenossen haben ein derartiges Abkommen nicht getroffen; sie brauchen es nicht, sie alle sind bundestreu genug und entschlossen, in den ihnen aufgezwungenen schweren Kämpfen gemeinsam durchzuhalten. Aber das Londoner Protokoll wird unsere Feinde nicht zusammenhalten, die Macht der Tatsachen wird es zerreißen. Der gegenwärtige Krieg wird auf dem Lande entschieden. Die Kriegsschauplätze sind räumlich getrennt und Kräfte, Leistungsfähigkeit und Interessen der einzelnen mit England im Bunde Stehenden derart verschieden, daß schwerlich ein Zeitpunkt kommen wird, in dem sie alle gleichmäßig friedenslustig und friedensreif sein werden. Zumal, wenn sie durch den Lauf der Dinge noch mehr als bisher eingesehen haben werden, daß sie ihren Krieg pour le roi d'Angleterre geführt haben — für Englands Machtansprüche zur See, für seine brutale Gewalt-, für seine Kolonial- und Handelspolitik.

Aber, ob nun eine Reihe von Friedensschlüssen oder ein einziger dem gegenwärtigen furchtbaren Ringen ein Ende machen werden — einen aufrichtigen und dauernden Frieden kann es solange nicht geben als nicht der Einfluß der Inselmacht geschwächt oder gebrochen ist. Deshalb muß auch der Kampf mit allen Mitteln fortgesetzt werden, bis Englands Vorherrschaft auf ein erträgliches Maß zurückgeschraubt ist und Sicherheiten dafür bestehen, daß wenigstens der Weltverkehr durch England nicht mehr gestört werden kann, ohne es selbst in die schwersten Gefahren zu bringen. Ob dies im Seekampfe möglich sein wird, ist noch sehr die Frage; deshalb müssen wir einen anderen Weg finden, der die Völker von der Flottenherrschaft der Inselreiche, namentlich Englands, unabhängig macht.

Die Inselreiche verdanken ihre Macht ihren Flotten; kraft dieses Werkzeuges vermögen sie den Weltverkehr zu bedrohen, zu erschweren und oft sogar aufzuheben. Trotzdem besteht die Hauptaufgabe der Kontinentalmächte nicht darin, ebenso große Seemächte werden zu wollen und zu diesem Zwecke möglichst große Flotten zu bauen. Die überspannte Flottenpolitik der Gegenwart, die alle Großmächte treiben und in der ihr auch andere Staaten folgen werden, scheint uns gegenüber England nicht der einzig richtige Weg zu sein — so unentbehrlich sonst eine starke Flotte für einen modernen Staat ist, der etwas in der Welt gelten und seinen Handel und seine Küsten schützen will. Gegenüber England sollten die Völker sich vielmehr fragen: Ist denn überhaupt Englands Seemacht ein Hindernis der Befreiung von Englands Joch? Kann sie nicht durch eine zweckmäßige Organisation sehr viel von ihrer Wirkung einbüßen? Dazu brauchen wir keine Kontinentalsperre und keinen grundsätzlichen Boykott englischer Waren. Aber wir und alle anderen Kontinentalvölker müssen auf einen Kontinentalbund lossteuern, der sich derart organisiert, daß der Verkehr mit den Raubstaaten zur See auf ein Mindestmaß beschränkt wird, das sich in Friedenszeiten aus der Preisgestaltung im Wettbewerb ergeben wird und für Kriegszeiten eine wertvolle Unabhängigkeit vorbereitet; hierbei werden die Vorteile der Seefracht allein nicht die ausschlaggebende Rolle spielen.

2. Die Stellung der einzelnen Staaten zum Kontinentalbundgedanken.

Der gegenwärtige Krieg beweist, wie notwendig ein solcher Kontinentalbund ist, der nicht auf Europa allein beschränkt bleiben soll, da nicht Rassenfragen, sondern politische und wirtschaftliche an erster Stelle stehen. Das Rückgrat dieses Bundes werden die drei verbündeten Kaiserreiche bilden: Deutschland, Österreich-Ungarn und die Türkei. — Deutschland ist durch die allgemeine Schul- und Wehrpflicht in ihrer reinsten Durchführung zur Führung berufen, nicht zum wenigsten auch durch seine Stellung und die Zahl seiner Bevölkerung. Deutschland und Österreich-Ungarn haben zusammen rund 120 Millionen Menschen; die Türkei zählt schätzungsweise etwa 20 Millionen, aber das Kalifat zieht einige hundert Millionen in ihren Bereich. Diese drei Mächte sind berufen, die Vergeltung an England, das ohne jeden Titel die Welt beherrschen will, zu nehmen, es in seine Schranken zurückzuweisen und mit ihm abzurechnen.

Die Türkei ist für den Kontinentalbund von besonderer Bedeutung, weil sie in ihrem Hauptteile asiatisches Land mit besonderen Möglichkeiten der Erzeugung umfaßt. Die asiatische Türkei ist noch außerordentlich entwicklungsfähig; die Grundlage für diese Entwicklung ist durch den begonnenen Ausbau des Eisenbahnnetzes gegeben. Dadurch werden (abgesehen von seiner strategischen Bedeutung für die Schnelligkeit der Mobilmachung und die Möglichkeit von Truppenverschiebungen nach allen Seiten) weite Länderstrecken erschlossen, die eine Erzeugung von Rohstoffen aller Art und die Hebung von reichen Bodenschätzen ermöglichen, die in Europa gebraucht werden. Ferner führt der

Weg durch die asiatische Türkei (und daran anschließend durch Persien und Afghanistan) nach Indien. Der Landweg nach Indien ist aber eine sehr wichtige kontinentale Verbindung, deren Beherrschung Rußland und England mit allen Mitteln angestrebt haben, indem sie die übrige Welt von allen dahin führenden Wegen abschlossen. *Die Erschließung der asiatischen Türkei und dieses Verkehrsweges wird erst die Kontinentalmächte von den Seeräuberstaaten unabhängig machen*, da die Austauschmöglichkeit der Rohstoffe und der Fabrikate sie auskömmlich zu versorgen vermag.

Die Türkei ist nach dem Verluste des größten Teiles ihres Besitzes auf dem Balkan stärker als vorher; sie ist im Vertrauen auf ihre eigene Stärke und das Zusammenwirken mit ihren mächtigen Verbündeten an die Abrechnung mit Rußland, England und Frankreich herangetreten.

In den letzten Jahrhunderten hat die Türkei bedeutende Landesteile an ihren Erbfeind Rußland verloren, die diesem wertvolle Vergrößerungen am Schwarzen Meer und im Kaukasus brachten. Seit ihrer Angliederung haben sich große Veränderungen in diesen Ländern vollzogen, sowohl in der Besiedlung wie in der Ausbeutung. Deutsche Kolonisten, die Rußland so oft ins Land rief, haben einen Teil kulturell und wirtschaftlich gehoben; auch die am Don angesiedelten Kosaken haben viel für die Bearbeitung des Bodens getan. Große Ländereien sind im Wege der Dotation an reiche Freunde der Regierung gekommen und haben zur Bildung eines Großgrundbesitzes größten Stiles beigetragen; auf diesem wird teilweise gut gearbeitet, besonders wo deutsche Pächter und Verwalter tätig sind. Ganze Wüstenstrecken sind zunächst durch Schafzucht belebt worden (ein deutscher

Kolonist namens Fals-Fein hielt zum Beispiel bis zu 900 000 Schafe und förderte seine Gegend sehr); heute sind sie zum größten Teile dem Körnerbau gewidmet. In den Gegenden, in denen neuerdings der Kohlenbergbau und die Eisenindustrie erwachten, fand ein ungeheurer Zuzug großrussischer Elemente statt. So ist es gekommen, daß die ehemals türkischen Gebiete mit ganz anderen Völkerschaften besiedelt sind als zur türkischen Zeit. Immerhin sind die Bekenner des Islam in der Krim und dem Kaukasus vorherrschend. Wie rasch das Bild der Besiedlung insbesondere unter dem Einfluß von Eisenbahnbauten sich ändert, beweisen jene Gegenden sehr deutlich; und welche wirtschaftlichen Wirkungen damit verknüpft sind, zeigt sich beispielsweise bei dem Hafen von Noworossijsk, der kürzlich von den Türken beschossen wurde. Er ist einer der größten Getreideausfuhrhäfen geworden, weil ihm aus dem Schwarzerdegebiet vom Terek bis zum Don die überschüssigen Mengen zufließen. Die Türkei will diese ehemals verlorengegangenen Länder wiedergewinnen und sie will vor allem Rußland vom Bosporus und Konstantinopel fernhalten und weiteren Landverlusten vorbeugen.

Sie hat aber auch mit England abzurechnen. Mehr als Rußland ist England der Todfeind der Türkei. England hat Ägypten genommen, um den Weg vom Kap bis nach Kairo fest in der Hand zu haben und den Seeweg nach Indien zu beherrschen. Aber es strebt mehr an — an den Landweg Kap-Kairo soll sich der von Kairo nach Kalkutta anschließen. Letzterer führt durch die wichtigsten Teile der asiatischen Türkei. Für dieses große Ziel ist mit den stillen Mitteln der englischen Politik und durch wirtschaftliche Maßnahmen gewaltige Vorarbeit geleistet worden: England hat sich am Persischen Meerbusen festgesetzt und es hatte in den letzten Jahren seinen politischen Einfluß in

Mesopotamien so ausgedehnt, daß er fast ebenso bedeutsam ist wie der von Konstantinopel; anfangs Februar 1915 hat der Vizekönig von Britisch-Indien, Lord Hardinge, in Basra eine Rede gehalten, in der er die Hoffnung aussprach, daß die während des Krieges besetzten Teile von Mesopotamien dauernd unter britischer Herrschaft bleiben würden, allerdings mit der Einschränkung, daß ohne einen vollen Meinungsaustausch mit den übrigen Großmächten kein Plan für die Zukunft gefaßt werden könnte. Aber England hat dieses wichtige wertvolle Land zunächst an sich gerissen. Auch hat es seine Hand bei den Aufständen arabischer Stämme im Spiele und will die Stellung des Kalifats durch die Loslösung von Mekka und Medina ins Herz treffen.

Frankreich ist der Bankier der Türkei gewesen; es ist mit dem Besitz von 57 vom Hundert der gesamten Staatsschuld ihr größter Gläubiger. Diese Stellung hat es dazu benutzt, große wirtschaftliche Vorteile mit politischem Hintergrunde zu erreichen, durch Konzessionen von mancherlei Art, die die wirtschaftliche Kraft der Türkei und ihr Ansehen dauernd schwächen mußten; so erlangte es noch im Frühjahr 1914 gelegentlich einer Anleihe Bahnkonzessionen in Anatolien und Hafenkonzessionen. Den Plan eines Bahnbaues bis Port Said vermochte es dagegen gegen Englands Widerstand nicht durchzusetzen; für diese den Suezkanal gefährdende Strecke hat das türkische Parlament im Januar 1915 die Mittel bewilligt, sie wird eine Grundlage für den Feldzug gegen Ägypten sein. Frankreichs Stellung war durch das (ebenso wie die Kapitulationen) inzwischen abgeschaffte Protektorat über die Christen des Orients und durch sorgfältige Pflege französischen Schulwesens (darunter eine wichtige medizinische Hochschule) schon stark; bedrohlich wurden die Bestrebungen Frankreichs in seiner Verkehrspolitik, die man mit

Recht als Vorbereitungen von Eingriffen in den Gebietsbestand wertete. Auch hier hat der Krieg ein Halt geboten.

Die Türkei hat dies alles erkannt, ehe sie zur Vermeidung einer Teilung nach persischem Muster in den Kampf auf Tod und Leben eintrat gegen die drei Mächte, die sie von allen Seiten her zerstückeln wollen. —

* *
*

Für den Kontinentalbund sind außer den kämpfenden drei Kaiserreichen auch die neutralen Staaten von Bedeutung.

Italien, das als Mitglied des Dreibundes seine Neutralität aufrecht erhält, wird erst nach Beendigung des Krieges seinen Bundesgenossen und deren Völkern verständlich werden. Immerhin müßte die Erhaltung und der Ausbau seiner Geltung im Mittelmeergebiet Italien mehr mit den Mächten des Kontinentalbundes verknüpfen, zudem hat es mit der Entwicklung seiner Neuerwerbungen noch genug zu tun, ehe es sich auf weitere Unternehmungen einlassen kann.

Portugal interessiert nur in seinem afrikanischen Besitz; die europäische Republik hat im eigenen Lande soviele Schwierigkeiten, daß sie den großen Kampf nicht wesentlich beeinflussen kann. Sie ist von England zu abhängig, als daß sie für unseren Plan in Betracht käme.

Spaniens Anschluß dagegen ist nicht von der Hand zu weisen, zumal es sich jetzt schon als Freund der Zentralmächte erwiesen hat.

Ein wichtiges Glied für unseren Plan bildet der Balkan, dessen Völker zum größeren Teil wirtschaftlich und kulturell höher als die Rußlands entwickelt sind. Ob Serbien und Montenegro, die immer die Brandfackel entzündeten, die Satrapen Rußlands, bestehen bleiben können, muß die Zukunft lehren. Die Verhältnisse Albaniens harren noch der Regelung. — In weiten Kreisen Griechenlands herrscht ein Größenwahn, der sich an die alten Überlieferungen klammert, hinter dem aber nichts Reelles mehr steckt. Seine Neutralität ist nicht aufrichtig. — Bulgarien ist eine ernste Schöpfung; hoffen wir, daß seine Wünsche in Erfüllung gehen. Mit seinem tüchtigen Volke wird es dann neben seinen zukünftigen Nachbarn als achtbares Reich bestehen. — Rumänien kann angesichts der großen Schule, die es durchgemacht hat, trotz der schwankenden Gesinnung des Volkes als ein Staat von achtbarer Besonnenheit angesprochen werden, der unser Ziel nicht stören wird. — Die letztgenannten beiden Balkanstaaten werden nur in Anlehnung an die Zentralmächte stark und lebensfähig sein. Sie haben Grund genug, sich miteinander zu verständigen — vielleicht kommen sie sogar zu einem Bundesverhältnis, das als geschlossenes kontinentales Gebilde bei der Türkei, Österreich-Ungarn und Deutschland Anschluß und Unterstützung finden dürfte. Wichtig sind beide Länder als Verbindungsbrücken für den Kontinentalbund.

Die Schweiz, Holland und die drei skandinavischen Königreiche, die sich im Dezember 1914 auf dem Dreikönigstag in Malmö ausgesprochen haben, werden dem Bunde nicht abgeneigt sein; Holland dürfte ihm zuerst in Form einer Zollgemeinschaft näher treten, mit Rücksicht auf die neue Nachbarschaft in Belgien. —

* *

*

Wir kommen zu unseren augenblicklichen Feinden.

Frankreich sollte einem Kontinentalbunde nicht fernbleiben. Wenn der heutige Verbündete Englands aus seinem Traum erwacht, wenn es den unausführbaren Revanchegedanken aufgibt, dann wird es wieder sein, was es immer war: Eine vornehme und achtunggebietende Großmacht, die viele Freunde in der Welt hat und die englische Patronage nicht dulden wird. Frankreich hat zwar im Banne seiner Revancheidee seit Jahrzehnten den Kriegsgedanken wachgehalten; aber als es schließlich zum Schwerte griff, handelte es im Interesse Englands und nahm an einem Kriege teil, bei dem es für sich nichts gewinnen konnte, während es alles aufs Spiel setzte. Es wird erkennen, daß es im Vertrauen auf Rußlands Hilfe, dem es die Rüstung bezahlt hatte, und auf Englands Beistand die ungeheuren Opfer an Blut und Gut gebracht hat nicht für das eigene Land, sondern für Englands kontinentale Interessen — für jenes England, das Jahrhundertelang sein Erbfeind war und noch im neunzehnten Jahrhundert seine Stellung als Seemacht zerstörte und seine Entwicklung zur See ständig behinderte. Und wenn es zu diesen Erkenntnissen gekommen sein wird, dann werden wir Frieden mit ihm schließen, der zur Versöhnung führen sollte. Denn wir hassen Frankreich nicht und erkennen gern seine Stellung in der Welt an. Unser gegenseitiger Handel wird unter besserer Berücksichtigung der Gegenseitigkeit wieder seinen Weg gehen; wenn wir nach dem Friedensschluß mit Frankreich mit England noch im Streite liegen sollten, so kann es dem als neutraler Zuschauer zusehen. Und eine alte schöne Hoffnung ist, daß dereinst Frankreich und die Zentralmächte Verbündete sein werden, verbündete Kontinentalmächte, deren Interessen Englands Betätigung und Einmischung immer abträglich war und sein wird.

Ist dieses Zukunftsziel erst erreicht, dann wird Europa Ruhe und Frieden finden.

B e l g i e n ist in deutscher Hand. Die heimtückische Art, mit der es hinter Deutschlands Rücken sich Frankreich und England verschrieb und seine Neutralität aufgab, läßt kein Mitleid mit diesem Lande aufkommen, dessen Regierung in der Fremde ein Schattendasein führt. England hat es einst geschaffen, England ist jetzt sein Henker geworden. Belgiens ferneres Schicksal ist noch ungewiß. Eins aber scheint sicher: Die Küste mit ihren wertvollen Häfen, die uns zu Englands unmittelbaren Nachbarn an dem großen Graben macht, werden wir nicht wieder aufgeben; sie wird deutsches Land sein und bleiben!

In R u ß l a n d hat der Krieg keine nationale Grundlage; es wird ihn nicht ewig führen wollen und können. Neben seinen Niederlagen kommen mancherlei auf nichtmilitärischem Gebiete liegende Umstände zusammen, um seinen Trotz zu brechen und es zum Frieden zu zwingen. Es wird die Schließung des Baltischen Meeres und der Dardanellen nicht ertragen können. Sein Überfluß an Produktion wird, wenn sie unverkäuflich wird, zur Produktionslosigkeit führen — wie die Bedürfnisse des Bezuges fremder Waren bei dem Verbrauche aller Vorräte einen Mangel erzeugen, der sich ebenfalls auf die Dauer nicht ertragen läßt. Drängende finanzielle Schwierigkeiten kommen hinzu. Der niedrige Stand der Volksbildung und der Moral gestatten Rußland in der inneren Politik allerhand Mittel zur Selbsterhaltung anzuwenden, die sich bei längerem Gebrauch ebenso erschöpfen werden wie in der äußeren Politik die von dem Phantom des Panslawismus eingegebenen Pläne des Größenwahns, wenn sie fehlschlagen. Dann gerät man in Verlegenheit und fügt sich ins Unvermeidliche. Wer hätte glauben wollen, daß kaum zehn

Jahre nach den Schlachten von Port Arthur, Mukden und Tsu-Schima der Kriegsgeist zu noch größeren Unternehmungen des Größenwahns geführt hätte, wenn auch in noch so zahlreicher Gesellschaft — und doch ist es so. Die Niederlagen im japanischen Kriege verschmerzten sich so leicht, weil die Friedensbedingungen leicht waren und die Vertragschließenden in der zukünftigen chinesischen Beute den wahren Kriegsgewinn erkannten.

In Zukunft wird es leichter sein, mit Rußland friedlich auszukommen als es im Augenblick den Anschein hat. Es ist bekannt, mit welchen winzigen Mitteln in neuerer Zeit die meisten großen Ländergebiete von Rußland erworben worden sind. Nimmt man den Fall der Bekämpfung Schamyls im Kaukasus aus, der wirklich eine größere Anstrengung von mehrjähriger Dauer erforderte, so sind die größten Landmassen durch irgendeinen reisenden Offizier oder durch kleine Expeditionen, bei denen ein paar Kosaken fielen, erworben worden. Noch in der jüngsten Zeit wurde beispielsweise das Ferghanagegebiet Rußland einverleibt, Zentralasien vergrößert, das Amurgebiet und ein Teil der Mongolei fast ohne Schwertstreich angegliedert. Man hat ohne System neue Gebiete aller möglichen Nationalitäten eingeheimst; aber die Zukunft wird lehren, daß Rußland die Umklammerung heterogener Völkerschaften aus seinem Programm streichen muß. Für Rußland ist es ein unbestreitbares Bedürfnis, daß es bei seiner slawischen Tendenz auch ein rein slawischer Staat werde; alle die Anhängsel sind für das eigene Volk ein Krebsschaden und es bemüht sich vergeblich, sie zu russifizieren. Vorwiegend aus der baltischen Gruppe der Edelleute hat sich um den russischen Thron eine Dienstklasse geschart, die sich in Zivil- und Kriegsdienst emporbrachte. Armenier und Tscherkessen haben ein gleiches getan. Hingegen gibt es Provinzen, in denen bis heute noch keinerlei Verbindung mit den Nationalisten besteht. Selbst die seit vier Jahrhunderten von Iwan dem Grausamen besiegten Tataren im Mittelpunkte Rußlands haben ihre Nationalität nicht aufgegeben und leben in ihrer Weise wie zuvor. Es gibt unter ihnen noch weite Kreise, wo einzelne Stämme beharrlich in ihren Überlieferungen bleiben, so daß in unzähligen Ortschaften nicht einmal ein Ortsvorsteher zu finden ist, der russisch spricht.

Wir werden dem wirklichen Russentum einen großen Dienst leisten, wenn es durch einen verlorenen Krieg, den es zur Heilung seines Größenwahns unbedingt braucht, auf die Gebiete beschränkt wird, die ihm eine homogene Bevölkerung sichern, mit der alle Welt gern Frieden halten und Verkehr haben will — Bevölkerungsmassen, die zu hassen keinerlei Grund vorliegt und deren Befreiung von den räuberischen Bestrebungen der Machthaber für alle eine wahre Wohltat sein wird.

Wie die Dinge liegen, kann auch, wenn jemals die Loslösung gewisser Landesteile unvermeidlich würde, eine Art französischer Revancheidee bei einem großen Teile der an das ehemalige Moskowiterreich angegliederten Völkerschaften nicht aufkommen. Es ist für unseren Zweck abwegig und außerdem verfrüht, sich in Gedanken zu verlieren, inwieweit eine Abtrennung gewisser Gebiete von Rußland sich vollziehen wird. Aber als sicher darf man wohl annehmen, daß Rußland nach dem Ausgang der jetzigen Katastrophe nicht im Vollbesitz seiner gegenwärtigen Länder bleiben kann.

Rußland wird erkennen, daß es in England keinen ehrlichen Verbündeten hat; denn England wird Rußlands Drängen nach dem offenen eisfreien Meer nicht ehrlich unterstützen. Es wollte auch Rußland nur als Werkzeug benutzen, um Deutschland auf die Knie zu zwingen und dann das geschwächte Rußland im

Stiche zu lassen, wenn die Karten anders fielen als England berechnet hatte.

Noch hat Rußland den Druck der englischen Seeherrschaft nicht in dem Maße verspürt wie Deutschland; wenn es aber den Weg zum eisfreien Meer finden würde, müßte es ihn ebenso schwer empfinden wie andere Mächte. So wird auch Rußland den Anschluß an den Kontinentalbund suchen müssen, wenn es seine Interessen richtig erkennt und wertet. Wir werden ihm den Zutritt nicht verweigern, denn es ist ein wichtiger Abnehmer; es wird ihn aber auf die Dauer auch nicht ablehnen, denn es ist darauf angewiesen, sichere, stets erreichbare Abnehmer für seine Rohstoffe zu haben. Und so wird der Feind von heute den Anschluß wieder finden, den er, durch England und ein Mißkennen seiner Lebensinteressen verführt, vor nicht so langer Zeit aufgegeben hat, nachdem er so lange zum gegenseitigen Nutzen bestanden hatte.

Serbien und Montenegro erwähnten wir schon auf dem Balkan; für unseren Zweck bedürfen diese Länder keiner weiteren Erörterung, da sie für die Zwecke des Kontinentalbundes nicht unbedingt notwendig und von den aus Rußland kommenden Weisungen und den Schicksalen des Krieges ganz abhängig sind.

* * *

Wir hoben bereits die große Bedeutung des Landweges nach Indien hervor, die zur Erschließung des asiatischen Kontinentes führen wird. Einen großen Schritt auf diesem Weg bedeutet der Bau der Bahnen in der asiatischen Türkei, die eine Verbindung mit dem Persischen Meerbusen herstellen. Hier ist Deutschland der größte Eisenbahnunternehmer; es hat sich gegen den zähen Widerstand von englischer Seite durchgesetzt und steht vor den größten Aufgaben zur Erschließung dieser weiten Ländergebiete, auf deren Boden einst große Reiche blühten.

Der weitere Ausbau der asiatischen Eisenbahnen ist eine lohnende Aufgabe für die Völker Europas. Eisenbahnen überbrücken die Entfernungen auch in bisher unwegsamen Gebieten, sie erschließen den Verkehr, ziehen Ansiedler herbei, ermöglichen den Güteraustausch und sind so die Hauptvoraussetzung für jeden Aufschwung. Es ist nur eine Frage der Zeit, daß große Teile dieses Eisenbahnnetzes wirklich gebaut werden — liegen doch die Hauptlinien bis nach Indien hinein bereits fest. So gewaltig die Aufgabe ist — am Maße der Transsibirischen Bahn gemessen ist sie keineswegs unausführbar.

P e r s i e n ist heute unter russischem und englischem Einfluß in der Weise aufgeteilt, daß die beiderseitigen Interessensphären gegenseitig abgegrenzt sind. Jetzt stehen die Türken im Lande. Sie werden schwerlich Rußland und England hinausdrängen; aber das ist nicht unsere Sorge. Die Hauptsache ist, daß auch Persien im großen Zusammenhange der Länder in absehbarer Zeit weiter entwickelt wird. Dies ist besonders wahrscheinlich, nachdem England aus wichtigen Teilen seiner Betätigung aus Mesopotamien verdrängt worden ist. Die Pläne des schon teilweise in Angriff genommenen persischen Eisenbahnnetzes sehen den Anschluß an die russische Kaukasusbahn und die transkaspische Eisenbahn vor, erreichen den Persischen Meerbusen an zwei Stellen und schaffen eine Verbindung nach Afghanistan, das auch von der Oase Merw erreicht werden soll, um dann über Kandahar nach Quetta, dem Endpunkt der englischen Eisenbahn in Balutschistan, durchgeführt zu werden. Die persischen Bahnen sollen auch in Verbindung mit denen der Türkei gebracht werden, wenn insbesondere Rußland die dagegen bestehenden Bedenken aufgibt.

Unabsehbar sind heute die Möglichkeiten, die sich aus diesen gewaltigen Landverbindungen ergeben werden; aber sie werden unserer Kontinentalpolitik dienen, da sie im wesentlichen nicht von der See her bedroht und nicht völlig ausgeschaltet werden können. Sie werden die Vermittler zwischen zwei Erdteilen sein und den europäischen Völkern für lange Zeit wesentlich verbreiterte Grundlagen ihrer Volkswirtschaft schaffen und ihre Unabhängigkeit von den Seemächten gewährleisten helfen.

Als Beispiel für die Art, wie England sich in Ländern einrichtet, die es unter seinem Einfluß zu halten wünscht, ohne sie äußerlich unmittelbar zu beherrschen, mag Afghanistan dienen. Das Land ist zwischen Rußland und dem englischen Indien eingeklammert; es hat manchen Strauß mit England ausgetragen und wird zurzeit nur durch eine größere, ihrer Höhe nach nicht bekannte Subvention, die es von Indien bezieht, ruhig gehalten und zur Untätigkeit verdammt. Es darf eine ausländische Vertretung weder halten noch empfangen. Das ist für ein so starkes Volk wie die Afghanen auf die Dauer unerträglich; es ist uns Kunde geworden von dem festen Willen, nicht unter dem bestehenden Bann zu verbleiben. Und wir wissen, daß dort eine starke militärische Organisation besteht, deren Hilfsmittel im Lande hergestellt werden. Von Afghanistan führen verschiedene Wege nach Indien: der schwer gangbare über das von den Afridistämmen bewohnte Hochgebirge des Hindukusch und der leichter zugängliche über Herat und Balutschistan. Die Afridi ließen ehemals weder Inder noch Afghanen durch; da Indien sich mit ihnen verständigt hat und sie ebenfalls unterstützt, beschränkt sich ihre Gegnerschaft auf die Afghanen. England hat zum Hindukusch den Schienenstrang bis Peschawar und in Balutschistan über Quetta geführt; die Afghanen werden sich indes trotzdem geltend machen können. Es ist heute nicht abzusehen, inwieweit sie als Mohammedaner sich in die große Bewegung des Heiligen Krieges hineinziehen lassen und ob sie gar gegen England in Indien vorgehen werden, wie die neuesten Nachrichten besagen; aber sie sind als starkes Volk ein Faktor in der großen Rechnung, zumal ihr zentral gelegenes Land für die Landverbindung nach allen Seiten wichtig ist.

Zu vermerken ist die Ende Dezember 1914 von Konstantinopel aus verbreitete Nachricht, daß die Stämme Balutschistans englische Grenzposten überfallen, Hunderte von Soldaten getötet und viele gefangen genommen und daß die bisher in Feindschaft miteinander lebenden Stämme sich versöhnt haben und eine Verständigung mit den Afghanen und Persern zum Zwecke eines gemeinsamen Vorgehens gegen die Engländer anstreben. Inwieweit dies den Tatsachen entspricht, vermögen wir nicht festzustellen, da wir zurzeit keine Verbindung mit jenen fernen Gegenden haben.

Und ebensowenig vermögen wir den undurchdringlichen Schleier zu lüften, den England seit dem Ausbruch des Krieges über Indien gehängt hat. Es wäre im Rahmen unserer Betrachtung müßig, über die Zukunft Indiens Mutmaßungen anzustellen. England hatte immer seine Sorgen mit Indien; es ist ihrer aber stets Herr geworden und wird alles aufbieten, um etwaige neue Schwierigkeiten zu überwinden.

Eines der von allen Seiten umstrittenen und umworbenen Gebiete ist China. Japan streckt am begehrlichsten seine Hand danach aus; es wird alle seine Mitbewerber (nicht nur Deutschland, mit dem es gegen Bezahlung von England den Anfang

2*

machte) vom Felde der gemeinsamen Tätigkeit zu verdrängen suchen. Seine jetzigen Verbündeten werden noch sehr viel mit ihm zu schaffen haben, zumal sie ausnahmslos durch großen Länderbesitz in Asien für Japan angreifbar und verwundbar sind. Und nicht nur die Verbündeten, sondern auch Holland in seinem reichen Kolonialbesitz.

China, das im Augenblick Japan widerstandslos ausgeliefert erscheint, hat sich noch nicht auf die ihm innewohnende Kraft besonnen; es erschöpft sich in inneren Kämpfen und muß noch zusehen, wie ein Einfall nach dem anderen ihm Hab und Gut bedroht, ohne daß seine ungeheuren Menschenmassen zur Tat dagegen schreiten. Dieses schlummernde Riesenreich mit seinen unendlichen Hilfsquellen wird zur Entfaltung kommen, und hierbei wird Deutschlands Mitarbeit nicht fehlen.

China muß sich auf einen Krieg nach zwei Fronten vorbereiten; es muß eines Tages gegen Rußlands und Japans Ländergier zu den Waffen greifen. Bis dahin muß es sein Eisenbahnnetz und vor allem seine einzig in der Welt dastehende Flußverbindungen ausbauen und den Landeszwecken dienstbar machen. Es wird seine Heeresmacht weiter ausbauen, um stark genug zu sein, sich gegen weitere Loslösungen von Teilen seines Körpers zu wehren und das Verlorene wieder einzubringen; das ist schon deshalb notwendig, weil China für seine ungeheuren Volksmassen in der Zukunft Siedlungsland braucht, das ihm einst gehörte und dann zum großen Teile an Rußland kam, das es doch nicht zu besiedeln vermag. Und auch Tsingtau in japanischer Hand ist für die Chinesen unerträglich; wir hatten ihnen dort schon gezeigt, was man aus ihrem Lande machen kann, indem wir einen Musterhafen anlegten und das Hinterland durch Acker- und Forstwirtschaft, Bahn- und Bergbau aufschlossen.

Wir fürchten China nicht als „gelbe Gefahr“, besonders nicht, wenn wir dieses ungeheure Kontinentalreich weiter entwickeln helfen. Voraussetzung dieser Entwicklung ist, daß China geregelte Anleiheverhältnisse erhält und mit der Zeit nach dem Beispiel der Türkei sich von dem Druck der Großmächte in seinem Zoll- und Steuersystem freimacht. Wir werden ihm nicht anraten, seinen Verpflichtungen untreu zu werden, die sich aus der Verpfändung der Zölle ergeben; aber wir werden ihm das Recht einräumen oder zu verschaffen wissen, daß es sein Zollsystem so gestaltet, wie es zu seinem eigenen Nutzen ist. China wird für die Kontinentalmächte ein ungeheures Bezugs- und Absatzgebiet sein, und es ist sogar zu hoffen, daß es in einer ferneren Zeit den Landanschluß an den Kontinentalbund finden wird, dessen Interessen schon jetzt in vieler Beziehung die seinigen sind.

Sibirien ist in den letzten Jahrzehnten durch den Bau der sibirischen Eisenbahn dem europäischen Kontinent sehr viel näher gerückt. Hier harrt der Betätigung Rußlands für Jahrhunderte eine Riesenaufgabe, die für seinen Betätigungsdrang ungleich wichtiger und wertvoller ist als der Zug nach dem Westen. Als Teil des russischen Reiches wird es in unserem Zukunftsbilde denselben Weg wie dieses gehen — als ackerbautreibendes Land wird es von Bedeutung auch für die Versorgung der Kontinentalländer sein. —

Japan ist das Gegenstück zu dem europäischen Inselreiche, zu England. Ein Inselreich, das, gestützt auf seine Flotte, die Ruhe, Sicherheit und Entwicklung seiner Nachbarn ständig bedroht und der Feind aller Kontinentalmächte ist.

Japan ist, wie wir bereits hervorgehoben, auf dem asiatischen Festlande ein Gegner seiner augenblicklichen Verbündeten. Es muß an seiner Kontinentalpolitik in Asien festhalten, die sein

Lebensnerv ist, und ist auch entschlossen dazu — wie es denn sein Fernbleiben aus Europa u. a. damit begründete, daß im Augenblick der Entsendung eines größeren Teiles seiner Streitkräfte aus Asien China ganz desorganisiert sein würde. Aber nicht nur das asiatische Festland ist einer der Haupträume der japanischen Politik; ebenso weitsichtig, zielbewußt und folgerichtig schreitet es im Stillen Ozean voran. Es hat seine Hand auf den deutschen Kolonialbesitz in der Südsee gelegt und ist Australien bedrohlich nahe gerückt, eine Tatsache, auf die die australische Regierung besonders aufmerksam gemacht hat, worauf sie von London und von Japan vorläufig beruhigt worden ist. Die amerikanischen Philippinen liegen unmitelbar auf dem Wege Japans, das den Vereinigten Staaten auch in Hinsicht auf Mittel- und Südamerika schwere Sorge bereitet, weil sie ihre auf den Panamakanal sich stützenden Machtansprüche im Gebiete des Stillen Ozeans und in China von ihm bedroht sehen. Von der möglichen Gefährdung des holländischen Kolonialbesitzes sprachen wir schon.

*
*

In Afrika interessiert uns Ägypten besonders. Ägypten ist einer der Hauptpfeiler der englischen Herrschaft und die uns verbündete Türkei ist daran gegangen, das Land England wieder zu entreißen, das alles daran setzen wird, die Beherrschung des nächsten Weges nach Indien durch den Suezkanal nicht zu verlieren. Die Verhältnisse Ägyptens sind nicht von England allein, sondern von mehreren europäischen Mächten gemeinsam geregelt worden; schließlich verdrängte England alle anderen einschließlich der Türkei. England ist nicht allmächtig dort, weil Ägypten auf dem Landwege zugänglich ist und die Engländer von der einheimischen Bevölkerung gehaßt werden. Es hat dort den Fehler gemacht, daß es das Land einseitig nur zum Zwecke der Ausbeutung förderte, während es die Masse der Bevölkerung auf einem tiefen Stande zu halten versuchte. Es eröffnet sich die Aussicht, daß jetzt der Landweg nach Afrika wieder geöffnet wird, den England gesperrt hält, eine im Sinne des Kontinentalbundes äußerst wichtige Tatsache.

Innerhalb dieses Zukunftsbildes mag auch die Hoffnung ausgesprochen werden, daß das deutsche Kolonialreich fürderhin nicht nur die bisherigen Kolonien, sondern auch die von Bismarcks Gnaden ermöglichte Schöpfung Leopolds des Zweiten von Belgien, den großen Kongostaat, umfassen möge. Es würde dadurch nicht nur ein geschlossenes deutsches Ländergebiet an zwei Weltmeeren geschaffen, sondern auch den englischen Ausbreitungsgelüsten in Afrika ein breiter Riegel vorgeschoben. Und die deutsche Volkswirtschaft würde für den Bezug einiger sehr wichtiger Rohstoffe vom Auslande unabhängiger als bisher sein.

Afrika hat Raum genug, daß sich auf seinem Boden deutsche, französische und englische Kolonialreiche ausdehnen können, ohne daß eins die Kreise des anderen zu stören braucht.

Mit einem Wort sei auf die Gefährdung großer Teile des vielgestaltigen französischen Kolonialreiches durch den Heiligen Krieg hingewiesen. Es wird den Franzosen nicht verloren gehen, aber sie werden große Opfer bringen müssen, die im ursächlichen Zusammenhange mit den Vorgängen in Europa stehen.

* *

Wir kommen zu Amerika.

Wenn Doktrinen eine Bedeutung hätten, müßte die Monroe-Doktrin für Nord-, Mittel- und Südamerika eine Meinungsgleichheit darstellen; aber das ist sie nicht und wird sie niemals sein. —

Die Haltung der Deutschamerikaner in den Vereinigten Staaten von Nordamerika war tadellos: Viele von ihnen sind zu den Fahnen geeilt, manche dabei in englische Gefangenschaft geraten, die deutsch-amerikanische Presse erhebt mit Macht ihre Stimme für das alte Vaterland. Aber alle Bemühungen der Presse, der Vereine und Verbände haben es nicht vermocht, das Land zur Wahrung einer wirklichen Neutralität zu veranlassen. Mancherlei Vorkommnisse beweisen eine Bevorzugung Englands und seiner Verbündeten. Das ist bei einer englischsprechenden Bevölkerung begreiflich: die Sprache, in der man denkt, liest und schreibt, übt den allergrößten Einfluß. Man hat alle Beschönigungsgründe für Englands Verbrechen für bare Münze genommen, unwahre Tatsachen als Erfolge verbreitet und überhaupt der Lüge treue Dienste geleistet und sich der Wahrheit verschlossen. Das ist nun einmal nicht neutral, besonders nicht für einen Großstaat, der in der Lage war, die Wahrheit an den Quellen zu erforschen. Wir wollen indes die Hoffnung noch nicht aufgeben, daß Nordamerika allmählich einsehen lernt, wo Recht, Wahrheit und Gesittung und wo Unrecht, Trug und Grausamkeit geübt wurde. Aber: wenn sie auch nach dem Buchstaben die Neutralität nicht verletzen — den Geist der Neutralität verhöhnen die gewaltigen Lieferungen an Kriegsmaterial aller Art, die Nordamerika den Feinden Deutschlands macht und trotz aller Bemühungen nicht einstellen will.

Das starke Nordamerika beugte sich vor dem Willen Englands. Es ließ sich von England eine sehr schlechte Behandlung gefallen. Es sah ruhig zu, daß englische Kriegsschiffe seine Häfen blockierten. Es ließ sich eine Liste von Bannware zur Ausfuhr verbieten, die ein mächtiger Staat niemals hätte annehmen dürfen. Und es machte keinen Versuch, unsere Absperrung vom Weltverkehr zu verhindern. Endlich richtete die amerikanische Regierung nach fast fünf Monaten eine Note an England, die England in der Sache ablehnend beantwortete; die amerikanische Regierung hat auch dies hingenommen und wird wirklich ernsthafte Schritte sicherlich nicht unternehmen. Amerika sieht ferner ruhig zu, wie Japan im Stillen Ozean und in China eine Politik treibt, die für die Kanal- und Handelspolitik Nordamerikas unerträglich sein sollte — und dabei ist das bisherige Eingreifen Japans in Nordamerikas Interessenbereich erst der Beginn einer großen Aktion, deren Ende nicht abzusehen ist, wenn Amerika sich nicht ermannt, ihr Halt zu gebieten. Die „gelbe Gefahr" besteht für die Staaten in viel höherem Maße als für Europa, nicht nur als Rassenfrage — und nicht nur für nordamerikanisches Gebiet, sondern auch für das lateinische Mittel- und Südamerika, das einer starken asiatischen Beeinflussung ausgesetzt ist. Aber die Dollarpolitik, die in großen Fragen nur kleine Mittel anwendet, läßt keinen großen Entschluß reifen; dafür fehlen auch die großen Männer, die einst die Union groß gemacht haben. Und der Tag wird kommen, an dem die Weltereignisse ihre Rückwirkung auf das selbstzufriedene, reiche Nordamerika ausüben werden, an dem es hinausgehen und mit dem Schwerte das verteidigen muß, was es sicher zu besitzen wähnte. Dann wird es vielleicht das schätzen lernen, was es jetzt unter dem mißverstandenen Begriffe „Militarismus" nicht achtet oder gar schmäht, ohne es zu kennen.

Ob die Nordamerikaner jemals den Weg zur allgemeinen Wehrpflicht, der Quelle aller Ordnung und Macht und des stärksten Ausdruckes der geistigen und moralischen Kraft eines

Volkes, finden werden, ist sehr fraglich; man kann sich heute nicht recht vorstellen, daß die Jünglinge und Männer der Wallstreet mit dem Mob und den Negersöhnen zusammen dienen werden. Amerika wird indes seine Wehrmacht erheblich ausbauen müssen, um für die Forderungen der Zukunft gerüstet zu sein. Auf der einen Seite gegenüber England, das in Kanada sein unmittelbarer kontinentaler Nachbar und mächtig erstarkender Wettbewerber ist und die Vorherrschaft im Atlantischen Ozean sich nicht von Nordamerika bestreiten lassen will, auf der anderen gegenüber Japan, das den Anspruch auf China und den Stillen Ozean erhebt und die freie Einwanderung nach Kalifornien fordert. Vor allem kann es den Panamakanal, vor dessen Schleusentoren das englische Jamaica als ein zweites Malta beherrschend liegt und dessen militärische Bedeutung feststeht, nur durch Anwendung der stärksten Mittel schützen und in seiner Bedeutung für das eigene Land erhalten. Vielleicht werden wir den Tag noch erleben, an dem Nordamerika eine Anlehnung und Hilfe bei denen sucht, die es heute im Stich läßt; denn auch seine wahren Feinde sind die beiden Seemächte, England und Japan, die ihm allenthalben hinderlich oder gefährlich sind. Und so gehört auch Nordamerika zu den Ländern, die trotz der Trennung durch ein Weltmeer viele gemeinsame Interessen mit unserem „Kontinentalbunde" haben.

Die mittel- und südamerikanischen Staaten können zwar für den gegenwärtigen Krieg nicht mehr von großem unmittelbarem Einflusse sein, nachdem unser Kreuzergeschwader vom Schauplatz abgetreten ist; aber ihre durch die englische Diplomatie und den Lügenfeldzug von langer Hand im deutschfeindlichen Sinne bearbeitete öffentliche Meinung ist uns keineswegs gleichgültig, weil wir sehr viele Beziehungen zu ihnen haben, die wir nach dem Kriege wieder aufnehmen wollen.

Unsere Landsleute bilden in diesen Ländern eine verschwindende Minderheit, die tapfer für die Wahrheit und das Recht eingetreten ist. Und wir dürfen hoffen, daß nach der Wiederherstellung normaler Verhältnisse der Warenaustausch mit ihnen trotz aller Bemühungen von anderer Seite sich befriedigend gestalten wird.

Die Nachricht, daß die südamerikanischen Republiken, unter denen sich Staaten von zukünftiger Weltgeltung befinden, sich kontinental enger zusammenzuschließen gedenken zur Wahrung gemeinsamer Interessen und zur gegenseitigen Sicherung ihrer Unabhängigkeit, ist befriedigend. (England hat am Anfang des neunzehnten Jahrhunderts schon einmal ohne Erfolg die Unabhängigkeit einzelner dieser Freistaaten anzutasten versucht, und in Argentinien redet man heute von einer „englischen Gefahr" für Patagonien und die Magalhaesstraße.) Ein starkes Südamerika, das auf dem Weltmarkte gebend und abnehmend eine Rolle spielt, die seinen Entwicklungsmöglichkeiten gebührt, ist für den Handel und die Industrie der europäischen Kontinentalmächte von der allergrößten Bedeutung. Die nach den neuesten Nachrichten von den südamerikanischen Staaten angestrebte Entente ist übrigens ein wertvolles Beispiel des Kontinentalbundgedankens.

3. Die wirtschaftliche Unabhängigkeit des Kontinentalbundes von den Seemächten und der Ausbau der Zollverhältnisse.

Wenn wir die Frage, ob ein „Kontinentalbund" notwendig sei, bedingungslos bejahen, so erhebt sich die weitere Frage, ob die zu einem größeren oder kleineren, zu einem oder mehreren

Bünden zusammengeschlossenen Kontinentalmächte in der Lage sein werden, ihre Existenz ohne Rücksicht auf die Seemächte genügend zu sichern und sich vom Seewege so unabhängig zu machen, daß sie ihre Bedürfnisse untereinander auf dem Landwege aus ihren natürlichen Quellen zu decken vermögen. Es steht hier der Raum nicht zur Verfügung, dies für jeden einzelnen Rohstoff oder Industrieartikel nachzuweisen; aber die vorgestellte Frage darf in jedem Falle bejaht werden. Schon die für den Kontinentalbund zunächst in Betracht kommenden Gebiete der drei Kaiserreiche sind so entwicklungsfähig, daß eine ausreichende Versorgung auch in schweren Zeiten außer Frage steht. Es schlummert noch so vieles in den großen Kontinenten, das noch der Erschließung harrt; die neuen Bedürfnisse werden es schon herausholen und verwerten lehren.

Ein Beispiel: Die türkische Regierung hat von einem englischen Ingenieur, der sich vorher in Ägypten, Südafrika und Indien bewährt hatte, einen Bewässerungsplan für Mesopotamien ausarbeiten lassen, der ein vorläufig zu bewässerndes Gebiet von 2,8 Millionen Hektar umfaßt und in einer Bauzeit von acht Jahren ausgeführt werden soll. Der Engländer berechnete den Ertrag aus dieser Fläche auf eine Million Tonnen Weizen und zwei Millionen Zentner Baumwolle abgesehen von der auf der bewässerten Fläche möglichen Zucht von Millionen von Schafen und Hunderttausenden Stück Rindvieh. Der Plan ist nach der Entlassung des Engländers von deutscher Seite überprüft worden mit dem Ergebnis, daß die Berechnungen richtig seien und daß das in Frage kommende Deltaland der mesopotamischen Flüsse dem Nilland ebenbürtig, ja sogar überlegen sei, sobald eine geordnete Bewässerung hergestellt werde. Hervorzuheben ist, daß es sich dabei nicht um einen Versuch auf Neuland handelt, sondern um eine Wiederbelebung alten Kulturlandes, das im Altertum und in der Kalifenzeit vortrefflich bewässert, bevölkert und reich war. (Erwähnt sei, daß in der Koniaebene ein Gebiet von 50 000 Hektar bereits von einer deutschen Unternehmerfirma mit Erfolg bewässert worden ist.) — In Mesopotamien liegen ferner im Gebiet der Bagdadbahn reiche Erdölfelder, die von deutscher Seite erschlossen und für die Zukunft wichtig sein werden, und anderes mehr, das erst mit fortschreitender Erschließung und Besiedlung zur Geltung kommen soll.

Damit eröffnet sich aber ein ganz neuer Horizont. Es wird sich erweisen, daß man ohne den Verkehr mit England die Völker befriedigen kann, und daß England dasjenige Land sein wird, das durch Einschränkung des Warenaustausches mit ihm den größten Schaden erleiden muß; dabei kann ihm auch die größte Flotte nichts nützen! — Möglichst weitgehende Ausschaltung Englands im Handel muß deshalb die Losung der Zukunft sein. Das wird mehr wirken als eine Landung großen Stiles: denn es ist gleichgültig, ob so und so viele Wohnstätten und Werkstätten zerstört werden, da man damit nicht den englischen Raubgedanken zerstören kann. Den Raubgedanken kann man aber nicht beschießen, und er wird nicht eher aufhören, als bis es nichts mehr zu rauben gibt.

„Los von England!" muß die Losung der Völker sein. Die nordamerikanische Unabhängigkeitserklärung ist die beste Lehre, daß es mit Erfolg geschehen kann. Die Loslösung von England ist die Quelle des Erfolges und des Blühens der Vereinigten Staaten von Nordamerika; sie haben uns auch gelehrt, wie dies hauptsächlich mit Zolleinrichtungen gegen englische Waren erreicht werden kann.

In der neuen Ordnung der Dinge wird *die Gestaltung der Zollverhältnisse* von ausschlaggebender Bedeutung sein. Im Laufe der Entwicklung hat die Zusammenfassung der Volkskräfte zur Erfüllung der nationalen Zwecke und Aufgaben durch die Bildung von nationalen Volkswirtschaften sowie die lebendige Entwicklung der Nationalität und der staatlichen Zentralisation bewirkt, daß die provinziellen und territorialen Zollgebiete zu nationalen erweitert wurden. Unter dem Namen des Deutschen Zollvereins trat trotz Englands Widerstand in der Neujahrsnacht 1834 der große Handelsbund ins Leben, der die Grundlage für den Aufschwung der materiellen Entwicklung Deutschlands wurde und die Durchführung einer einheitlichen deutschen Volkswirtschaft sicherte. Thiers hob in seiner Rede in der Debatte über die Friedensbedingungen hervor, daß Friedrich List, der geistige Vater des Zollvereins, den Grundstein zur Schaffung des Neuen Deutschland gelegt habe. Heute werden in allen Kulturstaaten mit den Zöllen politische und wirtschaftlich-soziale Zwecke verknüpft; ihre Systeme sind meist aus Finanz- (Steuer-) und aus Schutzzöllen zusammengesetzt und haben der Schutzzollbewegung den Vorrang gesichert. England hat auch auf diesem Gebiete eine Sonderstellung, indem es an seiner Freihandelslehre festhält; eine dagegen gerichtete Bewegung unter Führung von Joseph Chamberlain konnte sich nicht durchsetzen, obwohl wichtige Interessengruppen, mächtige politische Parteien, viele Schriftsteller und Gelehrte dafür gewonnen waren.

Heute stehen wir an einem Wendepunkt. Man hat mit Recht gesagt, daß „*die Zeit gekommen sei, wo es gilt, in Kontinenten zu denken*“. Diese Denkweise muß auch bei dem zukünftigen Ausbau der Zollverhältnisse maßgebend sein. Der „Kontinentalbund“, wie wir ihn uns denken, der Länder und Erdteile zusammenschließen soll, muß für die ihm angehörenden Länder ein Zollverhältnis schaffen, das alle Erzeugnisse seines Gebietes in Ein- und Ausfuhr bevorzugt und die überseeischen Bezüge aus anderen Gebieten so belastet, daß ein Ausgleich zwischen Land- und Seefracht eintritt. Bei gut entwickeltem Eisenbahndienst wird dies möglich sein und ein befriedigender Zustand eintreten, der deshalb von so unendlicher Bedeutung ist, weil er für den Kriegsfall den Kontinentalbund von den Bezügen zur See im wesentlichen unabhängig macht.

Wir befürworten deshalb die *Vorbereitung eines Systems von Zollverträgen der Kontinentalmächte untereinander*, das schon bei den kommenden Friedensverhandlungen vorliegen und zum Abschluß kommen sollte. In diesen Zollverträgen müßten die Kontinentalmächte einander weitgehende Begünstigungen gewähren, die außenstehenden Mächten nicht zugute kommen dürfen.

Das wird das beste Mittel sein, um England in die gebührenden Schranken zurückzuweisen und seinem Handel den größten Schaden zuzufügen. Wie man gegen ansteckende Krankheiten die Grenzen schützt, so muß man gegen England verfahren.

Wir müssen mit ihm den Kampf um die Freiheit auf dem Meere weiter und zu Ende kämpfen: Nicht allein mit den Streitkräften unserer Seemacht und unserer Landheere, sondern mehr noch und länger mit den Waffen des unblutigen Handelskrieges, indem wir helfen, *das Festland zusammenzuschließen und möglichst produktiv zu gestalten*. Dann werden wir und unsere Freunde im Kontinentalbunde von der Tyrannei der Seeräuber befreit sein, wir können nicht ausgehungert werden, wir werden auch die Sperrung der Seekabel leichter ertragen als im gegenwärtigen Kriege. Und das Endergebnis wird für Englands Handel und Schiffahrt vernichtend sein. Der englische Marineminister hat vor einiger Zeit seinem Parlament erklärt, man habe die Verluste der englischen Schiffahrt durch den deutschen Kaperkrieg auf fünf vom Hundert berechnet; der Anschlag sei aber zu hoch gewesen, es seien bisher nur 1,9 vom Hundert verloren gegangen (inzwischen sind es schon mehr als vier vom Hundert geworden, und der Krieg der Unterseeboote soll erst beginnen). Lassen wir den Engländern diesen Trost! Halten wir uns aber dagegen vor Augen, daß wir nicht fünf, sondern, wenn es gut geht, fünfzig vom Hundert des englischen Handels und seiner Schiffahrt arbeitslos machen können, wenn es uns gelingt, den englischen Handel vom Kontinent fernzuhalten!

Und dafür müssen wir, wie Napoleon im Jahre 1800 sagte, „das Meer den Engländern unnütz und unfruchtbar machen, sie erschöpfen und verderben und auch ihre Insellage, die der Grund ihrer Unverschämtheit, ihres Reichtums und ihrer Vorherrschaft ist, zu ihrem eigenen Verderben und zu ihrer Isolierung in der Welt ausnützen“.

Druck: Otto Wigand'sche Buchdruckerei G. m. b. H., Leipzig.

Deutsche Kriegsschriften
2. Heft

Geld und Kredit im Kriege

Von

Julius Steinberg
Bankdirektor in Bonn

Preis 80 Pfennige

Kölnische Zeitung vom 15. Februar 1915: In knapper Form wird in dieser kleinen Schrift ein zusammenfassender Überblick über die Wirkungen gegeben, die der Ausbruch des Weltkrieges auf unser Geld- und Kreditsystem ausübte. Zugleich werden dabei die Maßnahmen und Organisationen geschildert, die dazu bestimmt waren, die Leistungsfähigkeit unseres Zahlungswesens wie unserer Kreditwirtschaft so zu steigern, daß den erhöhten Anforderungen entsprochen werden konnte. In aller Kürze werden auch die entsprechenden Maßnahmen des Auslandes beleuchtet. Das Schriftchen dürfte in besonderem Maße geeignet sein, eine allgemeine Unterrichtung über die Hauptfragen der Kriegswirtschaft auf dem Gebiete des Geld- und Kreditwesens zu ermöglichen.

A. Marcus & E. Webers Verlag (Dr. jur. Albert Ahn) in Bonn

Deutsche Kriegsschriften

2. Heft

Geld und Kredit im Kriege

Von

Julius Steinberg

Bankdirektor in Bonn

Preis 80 Pfennige

Kölnische Zeitung vom 15. Februar 1915: In knapper Form wird in dieser kleinen Schrift ein zusammenfassender Überblick über die Wirkungen gegeben, die der Ausbruch des Weltkrieges auf unser Geld- und Kreditsystem ausübte. Zugleich werden dabei die Maßnahmen und Organisationen geschildert, die dazu bestimmt waren, die Leistungsfähigkeit unseres Zahlungswesens wie unserer Kreditwirtschaft so zu steigern, daß den erhöhten Anforderungen entsprochen werden konnte. In aller Kürze werden auch die entsprechenden Maßnahmen des Auslandes beleuchtet. Das Schriftchen dürfte in besonderem Maße geeignet sein, eine allgemeine Unterrichtung über die Hauptfragen der Kriegswirtschaft auf dem Gebiete des Geld- und Kreditwesens zu ermöglichen.

A. Marcus & E. Webers Verlag (Dr. jur. Albert Ahn) in Bonn

Kolibri 360 GmbH
Ferdinand-Jühlke-Straße 7
99095 Erfurt, Deutschland
produktsicherheit@kolibri360.de